BEI GRIN MACHT SICH IHR WISSEN BEZAHLT

- Wir veröffentlichen Ihre Hausarbeit,
  Bachelor- und Masterarbeit

- Ihr eigenes eBook und Buch -
  weltweit in allen wichtigen Shops

- Verdienen Sie an jedem Verkauf

Jetzt bei www.GRIN.com hochladen
und kostenlos publizieren

Sandra Püllen, Daniel Marquardt

Volumendurchflussmessung mit Schwebekörperdurchflussmessern

GRIN Verlag

Bibliografische Information der Deutschen Nationalbibliothek:

Die Deutsche Bibliothek verzeichnet diese Publikation in der Deutschen National-
bibliografie; detaillierte bibliografische Daten sind im Internet über http://dnb.d-
nb.de/ abrufbar.

Impressum:

Copyright © 2003 GRIN Verlag GmbH
Druck und Bindung: Books on Demand GmbH, Norderstedt Germany
ISBN: 978-3-640-73301-9

Dieses Buch bei GRIN:

http://www.grin.com/de/e-book/17427/volumendurchflussmessung-mit-schwebe-
koerperdurchflussmessern

Volumendurchflussmessung mit Schwebekörperdurchflussmessern

von

Sandra Püllen

Fachhochschule Trier
Studiengang: Lebensmittel- und Hausgerätetechnik

REFERAT

Veranstaltung: Meß-, Sensor- und Automatisierungstechnik

Thema: Volumendurchflussmessung mit
        Schwebekörperdurchflussmessern

Referenten: Daniel Marquardt

        Sandra Püllen

Inhaltsverzeichnis

1. Einleitung

Den Durchfluss oder Durchsatz eines strömenden Messstoffes zu messen heißt, die
Stoffmenge festzustellen, die pro Zeiteinheit einen Leitungsquerschnitt durchfließt.
Die Menge kann dabei die Dimension einer Masse oder eines Volumens haben. In
der Verfahrentechnik hat die Aufgabe, Durchflüsse zu messen, fundamentale
Bedeutung: Die Leistung, das richtige Dosieren und Mischen oder das Festhalten
eines bestimmten Betriebszustandes sind unmittelbar mit der Durchflussmessung
verknüpft. Die Durchflussmessung ist die zentrale Messaufgabe; ohne Durchflussmessung ist ein verfahrenstechnischer Prozess nicht denkbar. [4]

Die Herstellung und Verarbeitung von Lebensmitteln stellt für die Messtechnik eine
besondere Herausforderung dar. Gerade bei Anlagen, die chargenweise betrieben
werden, sind häufiger Reinigungszyklen nötig. Die Durchflussmessgeräte müssen in
diesen Prozessen nicht nur totraumfrei, entleerbar, temperatur- und chemikalien-
beständig sein, sondern zusätzlich spezifischen, hygienischen Standards entsprechen. Schwebekörper-Durchflussmesser sind zur Messung von Gasen,
Flüssigkeiten und Dampf geeignet. Das Messverfahren ist kostengünstig und zu-
verlässig. In der Lebensmittelindustrie finden Schwebekörperdurchflussmesser ein
breites Anwendungsgebiet. [2]

2.   Physikalische Grundlagen

2.1. Messprinzip

Einfach und relativ genau lässt sich der Durchfluss von Gasen und Flüssigkeiten mit
Schwebekörperdurchflussmessgeräten bestimmen. Ein senkrecht gestelltes Rohr,
das sich nach oben konisch erweitert, wird von unten nach oben durchströmt. Der
aufwärtsströmende Messstoff hebt den im Rohr befindlichen Schwebekörper so
lange, bis der ringförmige Spalt zwischen Schwebekörper und Rohrwand so groß ist,
dass die auf den Schwebekörper wirkenden Kräfte im Gleichgewicht sind und damit
der Schwebezustand erreicht ist. [8]
Bei konischem Messrohr stellt sich eine dem Durchfluss in erster Näherung proportionale Höhenlage ein.
Schräge Einkerbungen im oberen Rande versetzen den Schwebekörper in eine um
die senkrechte Achse rotierende Bewegung. Die Rotation ist, da schon geringe Verunreinigungen den Schwebekörper abbremsen, ein sicheres und im Glasrohr sicht-
bares Zeichen für das einwandfreie Arbeiten des Durchflussmessers.
Die Höhenstellung des Schwebekörpers dient als Maß für den Durchfluss. [7]

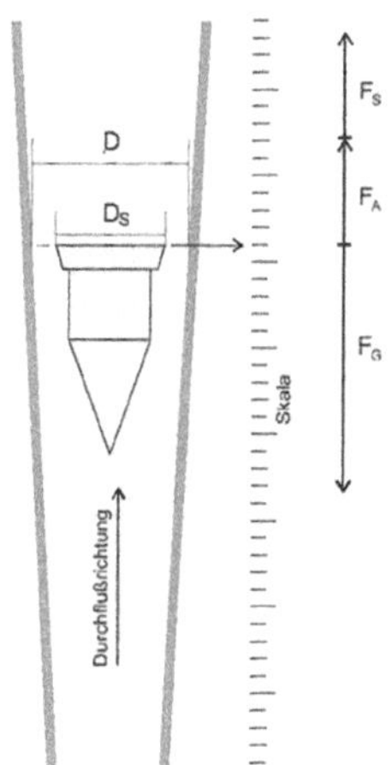

**Bild 1. Prinzip eines Schwebe-
körper Durchflussmessers**

Drei Kräfte wirken auf den Schwebekörper [Bild 1].
Nach unten ist die Gewichtskraft F_G gerichtet:

$$F_G = V_s \cdot \rho_s \cdot g \tag{1}$$

Nach oben greifen zwei Kräfte an:
Der Auftrieb F_A:

$$F_A = V_s \cdot \rho_m \cdot g \tag{2}$$

und die Kraft des Strömungswiderstandes F_S:

$$F_S = c_w \cdot A_s \cdot \frac{\rho_m \cdot v^2}{2} \tag{3}$$

Für den Gleichgewichts- oder Schwebezustand gilt:

$$F_G = F_A + F_S \tag{4}$$

Der Durchfluss ist:

$$q_v = v \cdot A = v \cdot \frac{\pi}{4} \cdot \left(D^{\,2} - D_S^2\right) \tag{5}$$

Der Widerstandsbeiwert c_w wird in die Durchflusszahl α überführt:

$$\alpha = \sqrt{\frac{1}{c_w}} \tag{6}$$

Die Durchflusszahl α ist abhängig von der geometrischen Form des Messrohres und des Schwebekörpers. Sie beinhaltet auch die Reibung. Als empirisch ermittelter Wert erscheint α in gerätebezogenen Kennlinien [Bild 2], die in die Berechnung einbezogen werden. In diesen Kennlinien ist auch die Ruppel-Zahl enthalten, die es ermöglicht die Messstoffspezifischen Parameter Viskosität und Dichte mit zu berücksichtigen. [8]

Ruppel-Zahl

$$Ru = \frac{4}{\pi} \cdot \frac{\alpha}{\mathrm{Re}} = \frac{\eta}{\sqrt{g \cdot m_S \cdot \rho_m \cdot \left(1 - \dfrac{\rho_m}{\rho_S}\right)}} \tag{7}$$

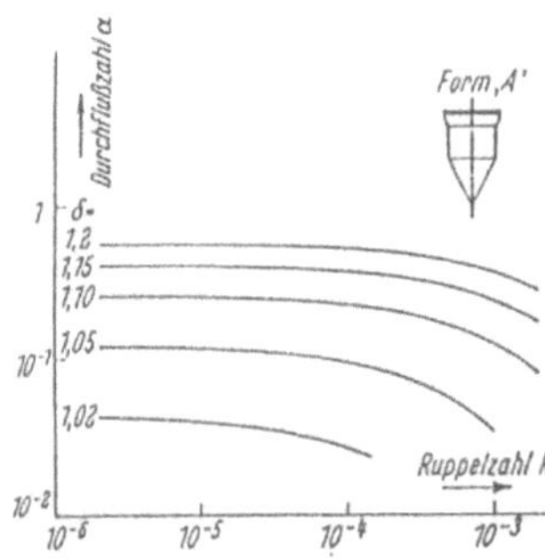

δ Verhältnis des Durchmessers des konischen Rohres D an der Stelle h zum Durchmesser D_S des Schwebekörpers

Bild 2. Durchflusszahl in Abhängigkeit von der Ruppelzahl für einen Schwebekörper-Durchflussmesser der Form "A" [1]

Unter Berücksichtigung der vorgenannten Gleichungen lässt sich die allgemeine Durchfluss-Gleichung für Schwebekörperdurchflussmessgeräte aufstellen.

Volumendurchfluss:

$$q_v = \frac{\alpha}{\rho_m} \cdot D_S \sqrt{g \cdot m_S \cdot \rho_m \cdot \left(1 - \frac{\rho_m}{\rho_S}\right)} \qquad (8)$$

Massendurchfluss:

$$q_m = \alpha \cdot D_S \sqrt{g \cdot m_S \cdot \rho_m \cdot \left(1 - \frac{\rho_m}{\rho_S}\right)} \qquad (9)$$

Der dem Durchfluss zur Verfügung stehende Ringspalt ändert sich wegen der Konizität des Messrohres mit der Höhenstellung des Schwebekörpers. Somit liefert die Höhenlage eine Aussage über den Durchfluss. Bei Verwendung eines Glasmessrohres kann daher der Messwert direkt an einer auf dem Messrohr angebrachten Skala abgelesen werden. [8]

<u>Legende:</u>

V_S: Volumen des Schwebekörpers [m³]
A: Ringspaltfläche [m²]
A_S: Querschnittsfläche des Schwebekörpers an der Ablesekante [m²]
m_S: Masse des Schwebekörpers [kg]
ρ_S: Dichte des Schwebekörpers [kg/m³]
ρ_m: Dichte des Messstoffes [kg/m³]
c_W: Widerstandsbeiwert
v: Fließgeschwindigkeit des Messstoffes [m/s]
D: Konus- Innendurchmesser an der Ablesestelle [m]
D_S: Durchmesser des Schwebekörpers an der Ablesekante [m]
g: Fallbeschleunigung [m/s²]
q_v: Volumendurchfluss [l/h]
q_m: Massedurchfluss [kg/h]
η: dynamische Viskosität des Messstoffes [Pas]

2.2. Praktischer Gebrauch der Durchflussgleichung

Die Durchflussskala eines Schwebekörperdurchflussmessers gilt nur für Messstoffe
mit der der Skala zugrundegelegten Dichte und Viskosität. Die Durchflussskala kann
für beliebige Messstoffe und jeden Betriebszustand nach dem im Folgenden
angegebenen Verfahren berechnet werden.

Die Durchflussgleichung, Gl. (8) bzw. (9), ermöglicht die Skalenberechnung und die
Skalenumrechnung.

Skalenberechnung:

Ausgehend von den gegebenen Daten des Messstoffes und des Messgerätes wird
mit Hilfe eines Kennlinienblattes (Bild 2) die Durchflussskala berechnet.

Skalenumrechnung:

Ausgehend von einer vorhandenen Durchflussskala und den gegebenen Daten des
Messgerätes und des Messstoffes wird mit Hilfe eines Kennlinienblattes für einen
anderen Messstoff die neue Durchflussskala berechnet.

2.2.1 Skalenberechnung und Skalenumrechnung

Skalenberechnung:

1. Schritt: Zusammenstellung der gegebenen Größen:
- Dichte und Viskosität des Messstoffes im Betriebszustand
- Messkonus mit Angabe von δ
- Schwebekörper - Durchmesser
  - Masse
  - Dichte
- Zugehöriges Kennlinienblatt

2. Schritt: Bestimmung von Ru

3. Schritt: Ermittlung verschiedener α-Werte aus dem Kennlinienblatt

4. Schritt: Berechnung der Durchflussskala

<u>Skalenumrechnung:</u>

1. Schritt: Zusammenstellung der gegebenen Größen:
- Dichte und Viskosität des Messstoffes im Betriebszustand
- Messkonus mit Angabe von δ
- Schwebekörper - Durchmesser
                            - Masse
                            - Dichte
- Zugehöriges Kennlinienblatt

2. Schritt: Bestimmung von Ru für die beiden Messstoffe

3. Schritt: Bestimmung der α- Werte für den alten und den neuen Messstoff

4. Schritt: Berechnung der neuen Durchflussskala

5. Schritt: Zuordnung der Skalen [7]

In der VDE/ VDI Richtlinie 3513 sind lediglich die Berechnungsverfahren genormt, nicht aber die Bauformen. Danach sind die Hersteller gehalten, für ihre Schwebekörperformen diese Funktionen $\alpha = f(Ru, \delta)$ und $h = f(\delta)$ anzugeben. Der Anwender kann dann ein etwa mit Wasser oder Luft geeichtes Gerät auf jedes beliebige Medium und jeden beliebigen Betriebszustand umrechnen. [3]

Des weiteren lässt sich aus Nomogrammen ein Kalibrierfaktor bestimmen. Anhand eines für eine bestimmte Messrohr-Schwebekörper-Kombination gültigen Nomogramms kann leicht der Einfluss von Dichte-, Zähigkeits- und Druckänderungen abgeschätzt werden.
[4]

Dabei muss der Mengenstrom des Betriebsstoffes stets auf Normbedingungen umgerechnet werden. [5]

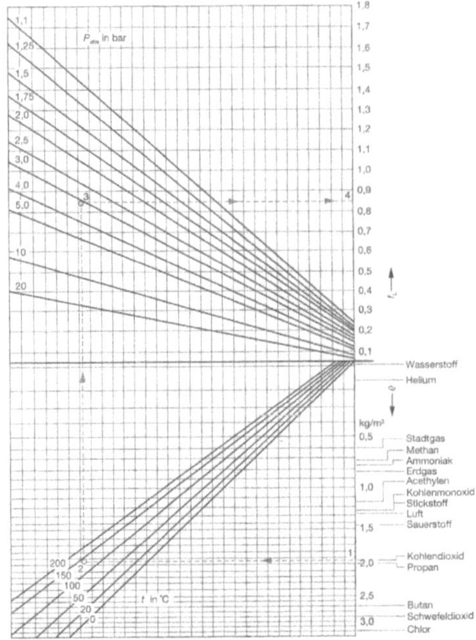

Bild 3. Nomogramm zur Umrechnung von Schwebekörper-Durchflussmessern auf Luftwerte [5]

Beispiel zum Nomogramm im Bild 3.

Gegeben: CO_2, $\rho = 1{,}976$ kg/ m³, t = 150 °C, p = 3 bar

1. Ausgehend von der Dichte nach links bis zum Schnittpunkt mit der Temperaturgeraden.

2. Von dort senkrecht nach oben bis zum Schnittpunkt der Druckgeraden.

3. Von diesem Punkt waagerecht nach rechts zur Skale f_l. Diese ergibt den Korrekturfaktor 0,867.

Die Menge von 19,76 kg/h entspricht im Normzustand gerade 10 m³/h. Bei t = 150 °C und p = 3 bar ist die Gasmenge äquivalent zu 10 m³/h * 0,867 = 8,67 m³/h Luft. **[5]**

Früher musste der Anwender beim Einsatz verschiedener Medien, für jedes Medium, eine Durchflussskala nach VDE/ VDI Richtlinien 3513 von Hand berechnen. Da ein Medium auch während des Betriebszustandes Schwankungen der Parameter (Viskosität, Temperatur, Dichte bei Gasen) aufweist, entsprachen die abgelesenen Ergebnisse nicht unbedingt hoher Genauigkeit.

Mittlerweile bieten jedoch viele Gerätehersteller Messrohre, die den kundenspezifischen Anforderungen entsprechen. Des weiteren wird Software angeboten, die es dem Kunden erlaubt, die Messskala bei Änderung des Betriebszustands anzupassen.

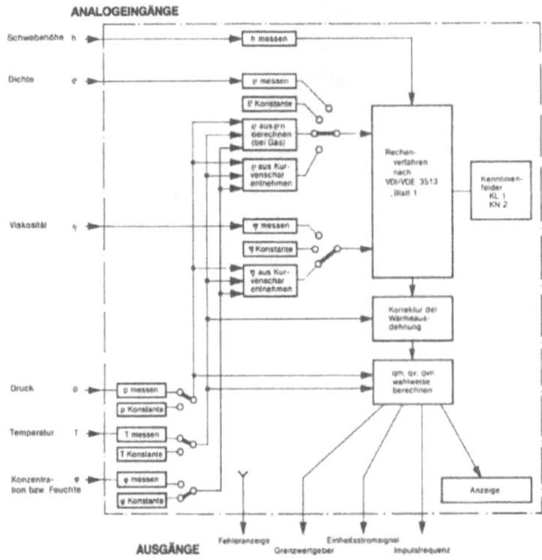

Bild 4.   Durchflussrechner ROFY

Die veränderlichen Messstoffeigenschaften können dem Gerät entweder über ein Tastenfeld oder als ein oder mehrere Analogsignale eingegeben werden. Mit diesen Werten führt der Rechner das Berechnungsverfahren nach VDI/ VDE 3513 durch. [4]

2.3 Genauigkeitsklassen

Für Schwebekörperdurchflussmesser werden in VDI/ VDE 3513, Blatt 2,
Genauigkeitsklassen vorgegeben. Danach setzt sich der Gesamtfehler aus
Teilfehlern zusammen, die zu 75% auf den Messwert und zu 25% aus den
Skalenendwert bezogen sind. Die Richtlinie unterscheidet die Genauigkeitsklassen

$$0,4/\ 0,6/\ 1/\ 1,6/\ 2,5/\ 4/\ 6/\ 10.$$

Dabei sind die Klassen 0,4 und 0,6 Sondergeräten mit erhöhtem Aufwand für Gerät
und Kalibrierung vorbehalten.

Die Teilfehler für ein Gerät der Klasse 1,6 sind zum Beispiel

$\pm 1,2\%$ vom Messwert und $\pm 0,4\%$ vom Skalenendwert

und für ein Gerät der Klasse 1

$\pm 0,75\%$ vom Messwert und $\pm 0,25\%$ vom Skalenendwert.

Mit solch einem Gerät lassen sich wesentlich bessere Messergebnisse erreichen als
mit einem Gerät, das eine Fehlergrenze von 1% des Messbereichsendwertes hat.
Genaue Messergebnisse erfordern eine gute Linearisierung der Anzeige- und
Übertragungswerte. Das Linearisieren geschieht sowohl primär durch Formgebung
des Messkonus, als auch im Übertragungswege durch Digitaltechnik. Da sich ein
Gerät nicht schlechthin für alle Bedingungen linearisieren lässt, sondern die
Linearisierung auch von den physikalischen Daten des Messstoffs abhängt, haben
die digital arbeitenden Einrichtungen den Vorteil, dass sich entweder durch Messen
der Betriebszustände selbst anpassen oder sich durch Eingabe der Daten vor Ort
schnell anpassen lassen.

Auch bei anderen Werten der Betriebsgrößen, bei anderen Temperaturen, anderen
Drücken, anderen Zähigkeiten oder Dichten müssen selbstverständlich deren
Einflüsse zusätzlich korrigiert werden. Wenn auch diese Überlegungen grundsätzlich
für alle Durchflussgeräte gültig sind, haben sie für Schwebekörper-Durchflussmesser
deshalb besondere Bedeutung, weil besonders für kleine Durchflüsse und ungeführte
Schwebekörper die Zähigkeit des Messstoffes in die Anzeige eingeht. Die Zähigkeit
ist oft stark von der Temperatur und der Zusammensetzung des Fluides abhängig.
Wichtig ist, dass der Ablesende weiß, welche Zähigkeit der Messstoff im Augenblick
des Ablesens hat und wie die Zähigkeit das Messergebnis beeinflusst, um die Daten
richtig und schnell in digital arbeitende Einrichtungen einzugeben. [4]

3. Schwebekörper

3.1 Schwebekörperformen

Die geometrische Form der Schwebekörper hat einen entscheidenden Einfluss auf
die Messgenauigkeit: Es sind zwar nicht – oder doch nicht in dem Maße –
Korrekturberechnungen möglich, aber hier gewährleisten die Einhaltung der bei der
Kalibrierung vorhandenen Maße hohe Messgenauigkeit. Beim Schwebekörper ist die
scharfe Messkante wichtig, und es werden neben Metallen für genaue Messungen
auch keramische Werkstoffe eingesetzt, die gut eine grat- und phasenfreie
Herstellung der Kanten zulassen.

Auch die Präzision des Innenkonus hat für genaue Messergebnisse Bedeutung.
Ebenso wichtig ist, dass der Schwebekörper sich reibungsfrei zentrisch auf und ab
bewegen kann. Bei Durchflüssen trockener Gase können sich Schwebekörper und
Glas elektrostatisch aufladen und der Schwebekörper kann am Messrohr „kleben".
Aus diesem Grunde werden bei guten Messgeräten und sehr kleinen Messbereichen
die Messrohre antistatiert, das heißt innen und außen mit einer dünnen leitfähigen
Schicht versehen.

Die Formen der Schwebekörper sind wichtige Unterscheidungsmerkmale. Bild 5.
zeigt verschiedene Ausführungsformen von Schwebekörpern. **[4]**

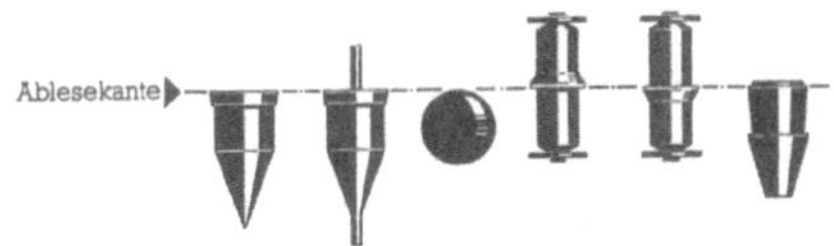

Bild 5. Formen von Schwebekörpern
Eine Auswahl freischwebender und geführter Schwebekörper unterschiedlicher
Formgebung ermöglicht es, die Schwebekörper an die Messbedingungen anzupassen:
Eine optimale Form für alle Fälle gibt es nicht. [4]

Schwebekörper lassen sich in freitragende und geführte einteilen.

Dem freitragenden Schwebekörper wird durch mehrere schräge Kerben ein Rotation
überlagert, wodurch eine gute Einstellsicherheit und Laufruhe erzielt wird. Die
Durchflusszahlen dieser Formen hängen jedoch stark von der Viskosität ab.

Geführte Formen sind in bestimmten Bereichen weniger viskositätsabhängig. Sie
sind jedoch dynamisch nicht stabil und müssen im Messkonus geführt werden. Die
Führung geschieht entweder durch eine Stange in der Mitte des Messrohres oder
durch vertikale Rippen im Messrohr, an denen Führungsringe am Schwebekörper
entlang gleiten. **[3]**

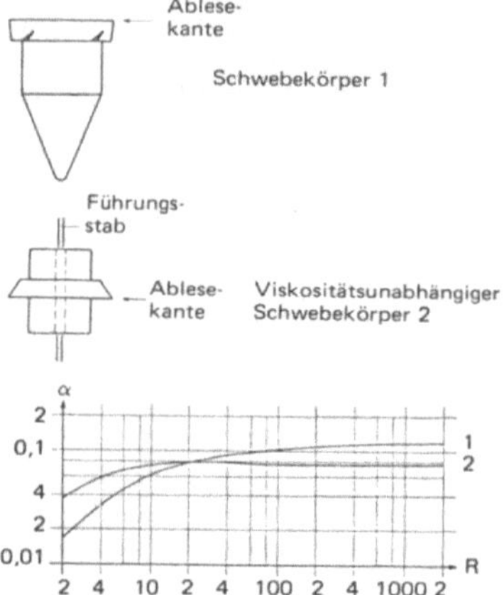

Bild 6. Zähigkeitsabhängigkeit von Schwebekörpern.
Die Durchflusszahl α des zähigkeitsunabhängigen geführten Schwebekörpers 2 wird
schon beim Wert R = 20, die des selbststabilisierten Schwebekörpers 1 erst beim Wert
R = 2000 konstant.
R ist eine der Reynoldszahl proportionale Größe. [4]

Für die richtige Geräteauswahl sind von Bedeutung:

- die Unabhängigkeit von der Zähigkeit des Messstoffes
- der bleibende Druckverlust
- die Größe des Ringspaltes
- die Möglichkeit präziser Fertigung
- die Fähigkeit, sich selbst zu stabilisieren und sich selbst zu zentrieren.

Da diese Eigenschaften sich zum Teil gegenseitig verhalten – so ist ein selbststabiler
Schwebekörper im allgemeinen stark zähigkeitsabhängig – muss meist ein
Kompromiss geschlossen werden. **[4]**

3.2 Schwebekörpermaterialien

Schwebekörper werden in den unterschiedlichsten Materialien hergestellt. Ihnen allen gemeinsam ist, dass alle verwendeten Materialien für den Einsatz in der Lebensmittelindustrie geeignet sein müssen.

Schwebekörper – Werkstoffe:

- Edelstahl
- PTFE/ Einlage
- Steatit
- Aluminium
- Hartgummi
- Hastelloy
- Keramik
- Glas [2]

Anforderungen an Materialien im Lebensmittelbereich:

- korrosionsbeständig
- beständig gegenüber Reinigungsflüssigkeiten
- beständig gegenüber sauren Medien
- hitzeunempfindlich
- geschmacksneutral

4. Geräteausführungen

Der Schwebekörper-Durchflussmesser kann praktisch für alle gasförmigen und
flüssigen Medien in korrosionsfester Ausführung hergestellt werden. Sehr weit
verbreitet sind sowohl Durchflussmessgeräte mit Glaskonus, wobei die Stellung des
Schwebekörpers direkt abgelesen werden kann, als auch Ganzmetallgeräte mit
magnetischer oder induktiver Übertragung der Schwebekörperauslenkung auf eine
am Messgerät befindliche Skale. [6]

4.1 Geräte mit Glaskonus

Wie schon ausgeführt, ist die Höhenlage des Schwebekörpers ein Maß für den
Durchfluss und es ist das Problem zu lösen, die Höhenlage festzustellen. Die
einfachen Geräte haben Glaskonen und der Schwebekörper ist mit dem Auge zu
fixieren und seine Stellung an der Durchflussskala abzulesen. Den klassischen
Schwebekörper-Durchflussmesser mit Glasrohr zeigt Bild 7. und Bild 8. in der
Explosionszeichnung.

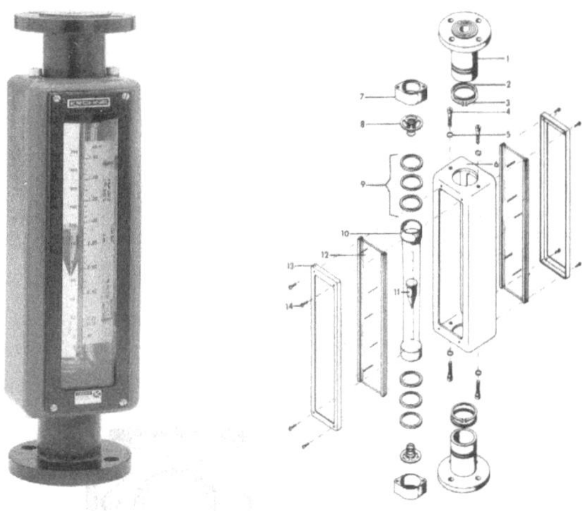

Bild 7. Schwebekörper Durchflussmesser mit   **Bild 8.   Geräteaufbau [2]**
Glaskonus [2]

Ein Gehäuse aus Metall oder Kunststoff verbindet den Glas-Messkonus über
Dichtelemente mit den Geräteköpfen, deren Flansche Verbindungselemente zu den
Rohrleitungen sind. Der Schwebekörper kann durch Sicherheitsglasfenster des
Gehäuses beobachtet und aus der Stellung seiner Ablesekante zur auf dem
Glaskonus eingeätzten oder daneben montierten Skala der Durchfluss abgelesen
werden. Es kommen freischwebende oder geführte Schwebekörper zum Einsatz.

Die Führung geschieht entweder an drei Flächen (für sehr kleine Durchflüsse), an drei Rippen (Bild 9.) oder mittels Führungsstangen. Glas-Messkonen und Schwebekörper können so ausgetauscht werden, dass für jede Nennweite mehrere Messbereiche zur Verfügung stehen.

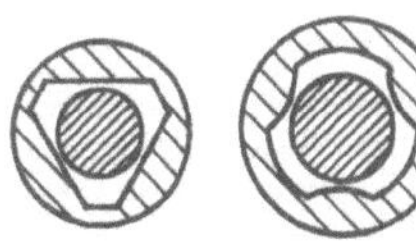

Bild 9. Dreiflächen - und Dreirippenführung
Die Schwebekörper können bei kleinen
Durchflüssen an drei Flächen, bei größeren
An drei Rippen geführt werden. [4]

Die Geräte werden bis zu Nennweiten von 80 mm geliefert. Dieser Nennweite entsprechen maximale Durchflüsse von etwa 40 m³/h. Es entstehen Druckverluste zwischen 1 und 100 mbar. Besonders die größeren Geräte für Flüssigkeitsmessung haben große Druckverluste.

Die Druckfestigkeit nimmt mit der Nennweite ab. Die Hersteller geben abhängig von der Nennweite folgende maximalen Betriebsdrücke an:

Nennweite in mm	15	25	40	50	80
Maximaler Betriebsdruck in bar	20	8 bis 12	6 bis 9	5 bis 7	3 bis 5

Auf keinen Fall sollte bei explosiblen, brennbaren oder ätzenden Messstoffen zu nahe an die Belastbarkeitsgrenze herangegangen werden. Abhängig von den Werkstoffen sind maximale Betriebstemperaturen bis 200 °C zulässig. [4]

4.1.1 Vorteile

- Schnelle visuelle Erkennung von Verunreinigungen im Messstoff
- Geeignet für mehrere Medien verschiedener Viskosität
- Keine bis geringe Stromversorgung erforderlich
- Einfache Installation und Handhabung
- Kostengünstig im Vergleich zu anderen Durchflussmessverfahren [9]
- Durch die spezielle Konstruktion des Gerätes ist das Auswechseln des Messkonus bei eingebauter Armatur möglich.
- CIP/SIP fähig [2]
- Auch für nichtleitende Flüssigkeiten einsetzbar
- korrosionsbeständig
- keine Anlaufstrecke
- für laminare und turbulente Strömungen geeignet [10]

4.1.2 Nachteile

- Bruchgefahr
- Parallaxenfehler bei der Ablesung
- Kleine Schwankungen des Schwebekörpers müssen auf den Endwert bezogen werden und verringern die Messgenauigkeit. [3]

4.2 Schwebekörper mit umgekehrter Geometrie

Neben der üblichen Kombination: zylindrischer Schwebekörper in konischem Rohr
haben sich auch Ganzmetallgeräte mit umgekehrter Geometrie durchgesetzt:
Ein konischer Schwebekörper bewegt sich in einem zylindrischen Rohr mit einer
Ringblende (Bild 10). **[4]**

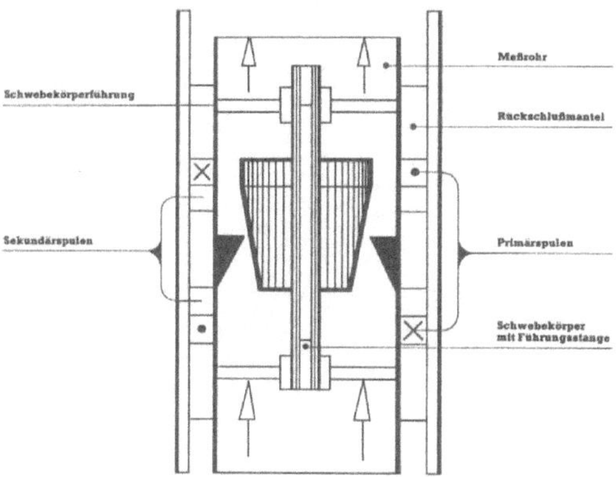

Bild 10. Kurzhuber
**Messelemente der Kurzhuber sind blendenartige Ringe und konische
Schwebekörper. Die Bewegung des Schwebekörpers wird nach einem dem
Differentialtrafo ähnlichen Prinzip übertragen: Bei der Bewegung ändern sich die
Spannungsanteile, die in die Sekundärspulen induziert werden. [4]**

4.3 Ganzmetall – Schwebekörper – Durchflussmesser

Universell anwendbar sind Schwebekörper – Durchflussmesser in
Ganzmetallausführung, die nach dem Schwebekörperprinzip arbeiten. Die
durchflussabhängige Höhenstellung des Schwebekörpers im Messrohr wird durch
ein magnetisches Kupplungssystem auf die Skale des Anzeigeteils übertragen. Der
Durchflussmesser wird in eine senkrecht verlaufende Rohrleitung eingesetzt und von
unten nach oben durchströmt. Neben klaren Flüssigkeiten können auch der
Durchfluss trüber Flüssigkeiten überwacht werden. [4]

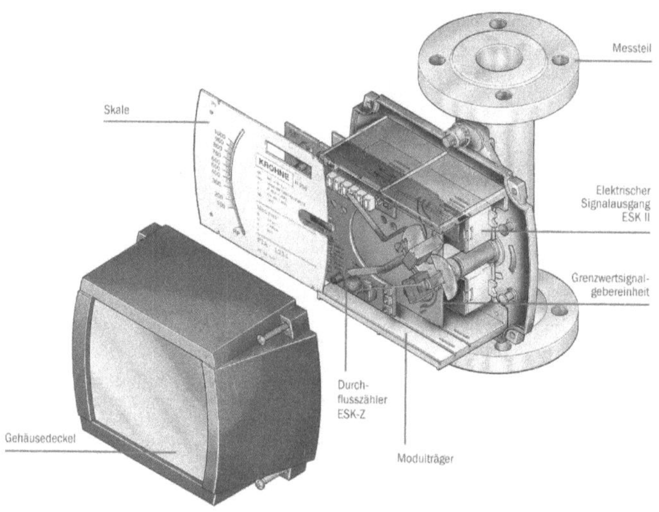

Bild 11. Aufbau eines Ganzmetall-Durchflussmessers
         [2]

Die Messkonen bestehen aus austenitischen, d.h. nichtmagnetischen Metallen.
In die Schwebekörper oder in die Führungsstangen wird ein Permanentmagnet
gebracht und dessen Stellung über ein Folgemagnetsystem bestimmt (Bild 12). Das
Folgemagnetsystem kann einen Anzeiger betätigen oder auf einen pneumatischen
oder elektrischen Verstärker so einwirken, dass ein durchflussproportionales
Einheitssignal erzeugt wird.

Die elektrischen Einheitssignale werden bei einigen Geräten über Drehwinkel-
messumformer induktiv oder über Kodierscheiben optisch aus dem mechanischen
Ausschlag des Anzeigesystems generiert.

Ist das elektrische Signal einmal erzeugt, lassen sich dann mit Mikrocomputern im Bediendialog Druck- und Temperatureinflüsse kompensieren, Korrekturwerte bei nicht linearem Durchfluss eingeben, auf andere Messstoffdaten umrechnen sowie automatische Selbstüberwachungen, Fehlerdiagnosen und Datenspeicherungen vorgeben. **[4]**

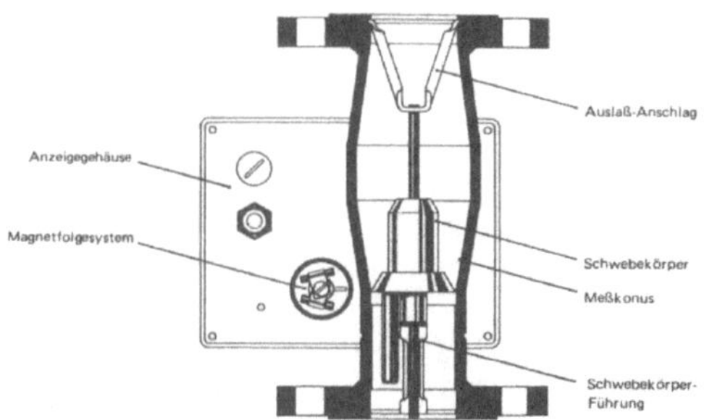

Bild 12. Ganzmetall – Schwebekörper – Durchflussmesser
Die Bewegung des zähigkeitsunempfindlichen geführten Schwebekörpers im
Messkonus wird magnetisch nach außen übertragen. Eine entsprechende
Formgebung des Messkonus sorgt für eine lineare Anzeige oder – wenn das Gerät als
Messumformer ausgerüstet ist – für ein lineares Ausgangssignal. [4]

Die Vertikalbewegung des mit einem Permanentmagneten ausgerüsteten Schwebekörpers wird beim pneumatischen Verfahren über ein sorgfältig austariertes Abgriffsystem auf eine Anzeige und auf die Prallplatte eines pneumatischen Wegeabgriffs übertragen (Bild 13.). Das mit 50 mbar arbeitende System folgt der Bewegung der Prallplatte praktisch rückwirkungsfrei und formt so die Bewegung des Schwebekörpers in einen proportionalen Druck um. **[4]**

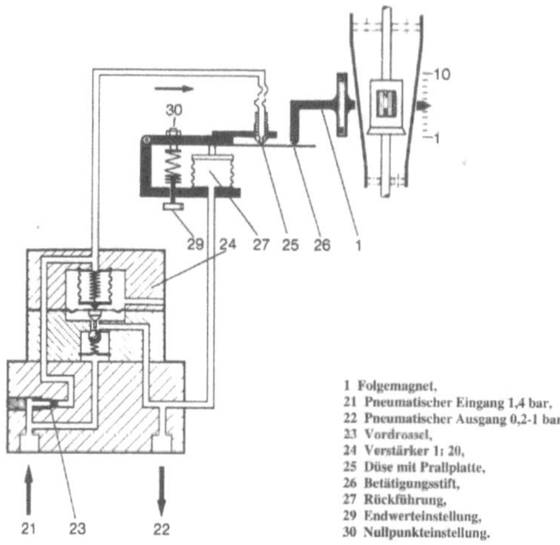

1 Folgemagnet,
21 Pneumatischer Eingang 1,4 bar,
22 Pneumatischer Ausgang 0,2-1 bar,
23 Vordrossel,
24 Verstärker 1: 20,
25 Düse mit Prallplatte,
26 Betätigungsstift,
27 Rückführung,
29 Endwerteinstellung,
30 Nullpunkteinstellung.

Bild 13. Pneumatischer Abgriff für einen Schwebe – Durchflussmesser.
Ein mit geringem Luftdruck arbeitender Wegeabgriff führt die Bewegung des
Rückführbalgs dem Hub des Schwebekörpers nach. [4]

Ferromagnetische Verunreinigungen können die Messergebnisse von
Schwebekörper – Durchflussmessern mit magnetischer Übertragung der Position
durch Ablagerungen beeinträchtigen. Um das zu vermeiden lassen sich Magnetfilter
in die Rohrleitungen einbringen. **[4]**

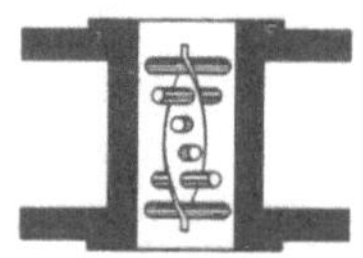

Bild 14. Magnetfilter
Wendelförmig angeordnete Stabmagnete halten ferromagnetische Verunreinigungen
des Fluids zurück. Zum Schutz gegen Korrosionen sind die Magnete einzeln mit PTFE
umhüllt. [4]

4.4 Vergleich Glaskonus und Ganzmetall

	Glaskonus (VA 40)	Ganzmetall (H 250 Food)
Messbereich für Gase	0,007 – 180 m³/h	0,07 – 600 m³/h
Messbereich für Flüssigkeiten	0,4 – 10000 l/h	2,5 – 100000 l/h
Messstofftemperatur	-40 bis +100 °C	-85 bis +200 °C
Betriebsdruck	DN 15, 25/ 10 bar DN 40/ 9 bar DN 50/ 7 bar	DN 15-50/ 40 bar DN 80-100/ 16 bar
Genauigkeitsklasse	1,0	1,6

[2]

4.5 Kleinströmungsmesser

In sehr großen Stückzahlen werden im Chemiebereich Kleinströmungsmessgeräte zum Einstellen von Spülströmen eingesetzt. Vor allem sind für bestimmte Differenzdruck- und Füllstandmessverfahren, aber auch für Gasanalysegeräte, definierte Spül- und Speiseströme erforderlich. Die dafür eingesetzten Kleinströmungsmessgeräte (Bild 15.) mit eingebautem Feineinstellventil vereinigen eine robuste, kompakte und korrosionsbeständige Ausführung mit hinreichender Druck- und Temperaturbeständigkeit (20 bar und 100 °C) und hinreichender Messgenauigkeit (1 bis 5 %). [4]

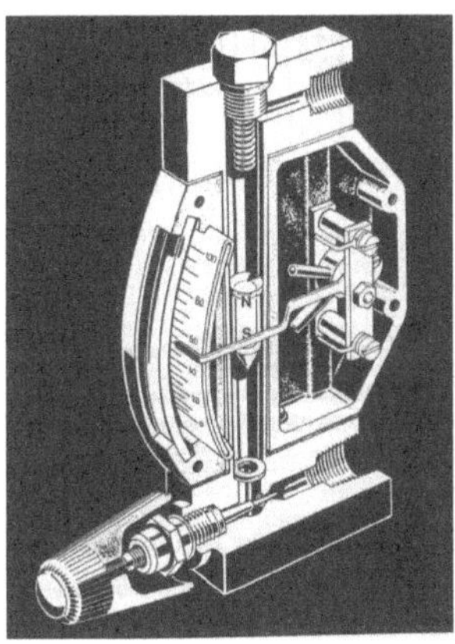

Bild 15. Kleinströmungsmesser in Hochdruckausführung [4]

Die kleinsten Messbereichsendwerte liegen bei 8 l/h Luft im Normalzustand oder 2,5 l/h Wasser. Glasgeräte kommen vor allem für inerte Spülstoffe wie Luft oder Stickstoff mit Drücken unter 10 bar zum Einsatz. Für nicht inerte Spülstoffe oder für höhere Drücke kommen Kleinströmungsmesser in Ganzmetallausführungen in Frage. [4]

5. Grenzwertsignalgeber

Einfache Schwebekörpermesser mit Glaskonus werden in großer Anzahl für die
Strömungsüberwachung eingesetzt. Sie können mit einer Lichtschranke oder einem
induktiven Abgriff versehen sein, der auf die Höhe des minimalen Strömungswertes
eingestellt wird. Sinkt der Schwebekörper unter diese Schranke, so wird ein Alarm
ausgelöst. [5]

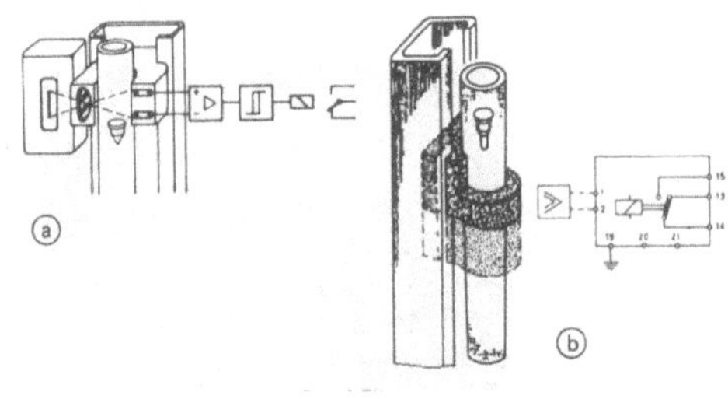

Bild 16. Grenzwertsignalgeber für Durchflüsse.
Optische (a) oder induktive (b) Schranken sichern gegen zu hohen oder zu geringen
Durchfluss.
Die Schaltungen sind so aufgebaut, dass die Schranke zwischen dem Eintritt in den
Gut- oder in den Fehlbereich unterscheiden kann. [4]

Aus dem Teilbild (a) ist zu ersehen, wie der Durchgang des Schwebekörpers durch
eine Lichtschranke ein Fehlsignal erzeugen kann.
Teilbild (b) zeigt das Prinzip eines induktiven Grenzsignalgebers: Ein metallischer
Schwebekörper verstimmt beim Durchgang durch einen Ringinitiator dessen
Induktivität und im Schaltverstärker wird ein Kontakt betätigt.

Bei allen diesen Abgriffen ist durch Schaltungskniffe dafür gesorgt, dass die
Schranke unterscheiden kann, ob der Schwebekörper von oben oder von unten die
Schranke durchläuft.

Neben diesen für Glasgeräte in Frage kommenden Grenzsignalgebern sind auch
solche für Ganzmetallgeräte verfügbar. Dort wird über Schwebekörper mit
Magneteinlage ein mechanischer Kontakt in Schutzgasatmosphäre (Reed-Kontakt)
betätigt. [4]

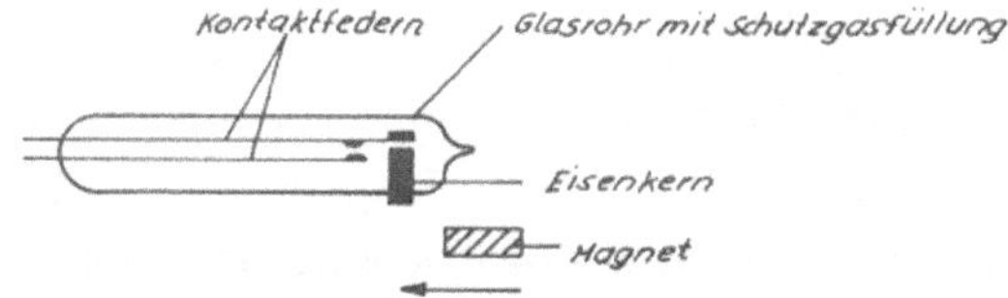

Bild 17. Reed-Kontakt [4]

Die Schaltkontakte, die Betätigungselemente aus magnetisch leitfähigem Material und die Durchführung der Zuleitungen sind in ein mit Schutzgas gefülltes oder evakuiertes Glasrohr eingeschmolzen. Unter dem Einfluss eines äußeren Magnetfeldes nehmen die Kontaktpaddel entgegengesetzte Polarität an und schließen. Das Magnetfeld kommt von einem Permanentmagneten, der an der beweglichen Spindel des Stellgliedes befestigt ist. **[4]**

6. Anwendungsgebiete

Schwebekörper-Durchflussmesser mit Metallkonus sind für die Messung von Gasen, Flüssigkeiten und Dämpfen für zahlreiche Einsatzmöglichkeiten z.B. in der chemischen, petrochemischen, pharmazeutischen, Nahrungsmittel- und Getränkeindustrie sowie in der Verfahrenstechnik geeignet.

Besonders bei aggressiven, trüben oder undurchsichtigen Messstoffen, oder dort, wo Glaskonus-Durchflussmesser aus Sicherheitsgründen nicht eingesetzt werden dürfen, ist die Verwendung von Metallkonus-Durchflussmessern wegen ihrer hohen Druck- und Temperaturbeständigkeit unerlässlich. [11]

6.1 Anwendungsgebiete in der Lebensmittelindustrie

Molkerei: Milch, Milchmischgetränke, Rahm, Buttermilch

Brauerei

Getränkeindustrie (allgemein): Fruchtsäfte, kohlensäurehaltige Getränke, Spirituosen

Bild 18. Durchflussmessung kohlensäurehaltiger Getränke [2]

7. Fazit

Die Schwebekörper-Durchflussmessung findet eine breite Anwendung in der
Getränkeindustrie. Obwohl die Schwebekörper-Durchflussmesser in der Anschaffung
sehr preiswert sind (maximal 2000€), werden sie zunehmend von anderen Verfahren
wie magnetisch induktive Durchflussmessung verdrängt. Gründe hierfür sind, das
MID's hohe Messgenauigkeiten bis 0,2% vom jeweiligen Messwert aufweisen und in
einem breiten Viskositätsbereich stabile Werte liefern.

Ein weiterer Nachteil der Schwebekörper-Durchflussmesser besteht darin, das sie
nicht als Abfüll- bzw. Dosierorgan geeignet sind.

Des weiteren müssen Schwebekörper-Durchflussmesser in Strömungsrichtung, von
unten nach oben, durchflossen werden. Ein senkrechter Einbau in die Rohrleitung
muss gewährleistet sein. MID's können unabhängig von der Strömungsrichtung
eingebaut werden.

8. Literaturverzeichnis

[1]   Bonfig, K.W.: Durchflussmessung von Flüssigkeiten und Gasen; expert-
       verlag; S.56ff

[2]   Krohne Messtechnik: Produktkatalog

[3]   Hengstenberg J.: Messen, Steuern und Regeln in der chemischen Technik
       (3.Auflage); Heidelberg 1957;Springer-Verlag Berlin; S.279ff.

[4]   Strohrmann G.: Messtechnik im Chemiebetrieb (7.Auflage);
       München,Wien,Oldenburg: Oldenburg Verlag GmbH München;
       S.301,357ff.,580

[5]   Freudenberger A.: Prozessmesstechnik; (1.Auflage)-Würzburg : Vogel, 2000
       S. 174ff

[6]   Bonfig, K.W.: Technische Durchflussmessung; Vulkan verlag Essen; S.85ff

[7]   VDE/VDI-Richtlinien 3513: Schwebekörper-Durchflussmesser-
       Berechnungsverfahren; Dezember 1971; Beuth-Verlag GmbH, Berlin und
       Köln

Internetportale

[8]   www.kt-web.de ; 13.05.2003

[9]   www.sensorsmag.com/articles/1002/14/main.shtml; 10.06.2003

[10]   www.unihannover.de/downloadTCA/Stroemungs/Str%F6mungsmessung.doc
       ;12.06.2003

[11]   www.abb.com/global/abbzh/abbzh251.nsf!OpenDatabase&db=/global/seapr/
       seapr035.nsf&v=6312A&e=ge&m=9F2&c=E95F6CBEDF15DF7FC125692E0
       0628915